Comice agricole de Seine-et-Marne.

DOUBLE
RAPPORT

PAR

M. le Mis DE TAMISIER,

PRÉSIDENT DE LA COMMISSION DE VISITE DES FERMES.

MELUN,

A. C. MICHELIN, IMPRIMEUR DE LA PRÉFECTURE.

1842.

DOUBLE RAPPORT.

MELUN. — A. C. MICHELIN, IMPRIMEUR DE LA PRÉFECTURE.

DOUBLE RAPPORT.

Messieurs,

Chargé à la fois de vous rendre compte des observations de votre commission de visite des fermes et de constater les résultats obtenus par les prix de moralité que vous avez décernés depuis dix ans, j'ai pensé que, pour ménager votre temps et votre attention, il convenait d'unir dans le même rapport deux sujets qui s'allient par leur nature.

Dans le mouvement actuel des esprits vers une pensée plus favorable à l'agriculture, une place au premier rang était naturellement assignée au riche et fertile département dont nous portons la bannière. Vous n'avez pas fait défaut à votre position : la création de plusieurs comices, outre celui dans le sein duquel nous voici fraternellement réunis, atteste assez les vœux que vous formez pour le progrès, et, quelqu'embarras que j'éprouve en portant pour la première fois la parole devant une aussi honorable assemblée, je suis tenté de me rassurer en pensant que la faveur avec laquelle vous accueillez tout ce qui touche l'intérêt du pays, protége le dernier venu parmi vous et lui promet un auditoire bienveillant.

Lorsqu'après les longs déchirements et les cruels sacrifices imposés par la guerre civile et étrangère, on entrevit la possibilité d'atteindre les améliorations pour lesquelles nos pères avaient rendu tant de combats, à peine la paix eut-elle montré son olivier, à peine la Charte eut-elle fait luire ses espérances, que l'on put vérifier ce mot profond de Montesquieu, à savoir que *les pays ne sont pas cultivés en raison de leur fertilité, mais en raison de leur liberté.*

Qui songeait, en effet, hormis quelques rares fidèles, quelques savantes exceptions, qui songeait, sous le règne terrible des révolutions, sous le règne glorieux de l'Empire, aux paisibles conquêtes de la luzerne et du trèfle? Les lourdes charrues suivaient gravement leur train, les récoltes sarclées se tenaient closes dans le jardin potager, l'assolement triennal florissant achevait de dévorer nos derniers prés, l'agriculture se nourrissait de l'encens banal des poètes ou des rhéteurs, et le bon François de Neufchâteau essayait de soulever un sceptre dont personne ne pressentait la grandeur prochaine.

Mais, dès que la gloire eut fait place à la liberté, une ère nouvelle commença; sous le règne des lois, le sol reconquit son importance, la propriété vit croître rapidement sa valeur; de grands écrivains surgirent qui tracèrent d'une main habile les préceptes de l'art, et leurs disciples ne tardèrent pas à se montrer, jetant à pleines mains aux cultivateurs les trésors des idées nouvelles.

Partout, en effet, où le sol est libre, l'agriculture a des autels; partout la terre négligée accuse l'imperfection du gouvernement. Toutes les nations, dans leur histoire, rendent hommage à cette vérité.

C'est donc parce que nous avons le bonheur de vivre sous les institutions les plus douces et les plus modérées dont l'histoire ait gardé le souvenir, que nous devons espérer de triompher de la jachère; car, en assurant aux citoyens le degré d'indépendance qui les attire dans les champs, elles y amènent les lumières, qui font de l'agriculture, au lieu d'un métier avili, une science féconde; elles nous enseignent que, respecter les droits des cultivateurs, écarter de leur demeure les mesures fiscales qui les découragent, honorer leur profession, c'est préparer des merveilles, c'est marcher à la découverte de la baguette magique qui dessèche les marais, ouvre les communications, transforme les landes en prairies, et met le trèfle à la place du chiendent.

En effet, si la culture est en honneur, si le séjour des villes cesse d'être préféré à celui des campagnes, à l'instant vous voyez sortir de la terre ces hommes fiers et graves dont le travail des champs est l'occupation favorite. Alors, dites avec assurance que la loi étend sur nous son sceptre bienfaisant; annoncez à nos citoyens consolés que le pays va se couvrir d'habitations commodes, de récoltes abondantes et de populations multipliées; que de nombreuses écoles vont s'ouvrir; que l'instruction envahit nos quarante mille communes; que les pauvres travailleurs, dégradés par la misère et par l'ignorance, recouvrent le sentiment de leur dignité;

dites que l'esprit national promet de remplacer l'orgueil et de substituer des faits et des sacrifices réels à de vaines démonstrations; dites que la France, affranchie des tributs qu'elle payait à l'étranger, s'apprête à développer tous les éléments de prospérité qu'elle renferme en son sein.

Hélas! où m'emporte l'ardeur de mes vœux! quel abîme entre ce beau rêve et la réalité!

Certes, nous sommes entrés dans une meilleure voie, de grandes améliorations ont été réalisées depuis un quart de siècle : les prairies artificielles gagnent du terrain sur les céréales; le peuple, quoi qu'on en dise, est mieux vêtu, moins ignorant, mieux nourri et plus heureux qu'il ne l'a jamais été. C'est bien quelque chose, mais ce n'est pas assez : car nous avons huit millions d'hectares, c'est-à-dire près d'un sixième de notre territoire, qui ne sont pas imposés, bien que déclarés imposables et par conséquent cultivables. Nous sommes loin de ce système de culture sous l'influence duquel M. de Dombasle a dit que la France nourrirait plus facilement cent millions d'hommes qu'elle n'en nourrit aujourd'hui trente. Si l'on juge de l'importance que l'opinion accorde aux services subventionnés par le chiffre sous lequel le budget les classe, on trouve que l'agriculture ne pèse pas dans notre balance plus que l'opéra. Dans la balance générale de l'Europe, nous n'avons guère plus de poids, puisque nous venons tout juste avant l'Espagne et le Portugal. Huit cent mille francs, c'est là tout ce que les lumières et l'intelligence du pays jugent convenable de consacrer à l'encouragement de l'agriculture dans nos quatre-vingt-six départements! Il n'y a rien à y ajouter : huit cent mille francs d'encouragement à une production de six milliards! C'est M. le ministre ici présent qui vient constater ce chiffre par des travaux exécutés, vous a-t-il dit, dans son département et sous sa direction.

Aussi écoutez les enseignements de la statistique récemment reproduits par la presse :

« Le rendement moyen du blé dans toute la France est de onze hectolitres à l'hectare : il est de vingt-deux à vingt-trois hectolitres en Angleterre, en Belgique et dans plusieurs contrées de l'Allemagne.

« La jachère nue, improductive, occupe en France plus du tiers des terres ; elle n'en occupe pas le huitième dans les pays qui viennent d'être nommés.

« Tandis qu'ils consacrent quatre cinquièmes de leur territoire à la production du bétail et un cinquième seulement à la production des céréales, nous suivons la proportion contraire.

« Si quatre journées de labour suffisent chez eux pour obtenir un produit déterminé, notre système de culture en exige vingt-quatre.

« Ils ont, sur un espace donné, quatre fois plus de bétail que nous. Possédant des races douées d'une grande précocité à prendre graisse, ils ne gardent leurs bestiaux que jusqu'à l'âge moyen de quatre ans, âge qui chez nous s'élève au double, d'où il résulte qu'ils peuvent en livrer à la consommation huit fois plus que nous. »

Voilà des faits qu'il faut modifier, des proportions qu'il faut renverser.

Il y a à peine deux cents ans, l'Angleterre était moins avancée encore que nous. C'est dans nos provinces du Nord qu'elle est venue puiser en partie ces enseignements dont elle a tiré un si grand profit. Quant aux Allemands, moins d'un siècle s'est écoulé depuis que leur sol leur fournissait à peine assez de seigle pour subsister ; mais les inspirations de l'agriculture anglaise ne se furent pas plus tôt introduites chez eux, qu'elles y produisirent des merveilles.

Pour notre honneur et notre bonheur, nous ne resterons pas en arrière ; ce n'est pas la place de la France. Nous changerons nos races de bestiaux, nous changerons notre système de culture : par un assolement plus judicieux, nous étendrons les conquêtes des prairies artificielles ; par des irrigations mieux étudiées, nous reculerons les bornes de nos prairies naturelles ; par une sage imitation des méthodes étrangères, nous ne confierons plus le grain qu'à un sol nourri des plus riches engrais, et nous obtiendrons plus de produit avec moins de travail. Nous ne diminuerons pas, comme le vulgaire le redoute, la récolte des céréales, tout en restreignant l'espace que la culture doit occuper. Tout le secret du système dont vous venez d'apprécier les admirables résultats est dans ces paroles de Schwerz : *Les fourrages ne doivent produire plus pour les animaux qu'afin que les céréales produisent plus pour l'homme.*

La tournée que nous venons d'accomplir ne saurait nous mettre à même de juger jusqu'à quel point nous nous rapprochons d'un but si glorieux et si difficile à atteindre.

Nous nous empressons de reconnaître qu'on nous a appelés trop tard, et que trop de cultivateurs distingués négligent de réclamer les honneurs de votre inspection : soit que, trop modestes, ils ne s'en croient par dignes ; soit que, trop indépendants, ils évitent la publicité et le jugement de leurs pairs. Quoi qu'il en soit, après avoir hésité entre la crainte de froisser des hommes que nous honorons et celle de disposer légèrement d'une récompense à laquelle il importe de conserver tout son prestige, nous avons cédé à ce dernier sentiment et nous n'avons pas cru pouvoir décerner votre médaille d'or.

Nous n'ignorons pas que le département renferme nombre d'exploitations dont il eût été intéressant de vous rendre compte, et, si notre zèle était, l'année prochaine, honoré de la même confiance, au lieu de donner quelques jours en courant à des observations qui ne peuvent manquer de se ressentir de la rapidité avec laquelle elles sont faites, nous serions prêts à leur consacrer tout le temps qu'elles exigent, afin d'essayer à éclairer véritablement notre marche et à payer au progrès avec conscience et maturité notre humble tribut.

CULTURES EXPÉRIMENTALES.

Vous aurez visité comme nous les champs que M. le comte Clary avait destinés à faire des expériences sur plusieurs cultures encore peu répandues; vous aurez vu que différentes circonstances, parmi lesquelles la sécheresse joue le rôle principal, ont trahi le zèle de l'honorable membre du comice qui nous offre en ce moment l'hospitalité, et qu'il n'y a rien à conclure contre ces cultures d'une tentative infructueuse.

Nous nous empressons d'ajouter que M. le comte Clary se propose de renouveler ses expériences, et nous ne doutons pas qu'il n'ait, l'année prochaine, un sujet intéressant à présenter aux études du comice.

Ferme de La Grange.

Cette ferme étend ses cultures sur une surface de deux cents hectares : elle nourrit dix chevaux de forte taille, vingt vaches et quatre cents moutons de race mérine.

M. Petitblé, qui la dirige, nous a paru plus frappé des dangers que des espérances que présentent les innovations en culture. Son exploitation, soumise encore aux lois de l'assolement triennal, n'admet qu'environ vingt-cinq hectares de prairies artificielles et en livre quarante-cinq à la jachère. Mais nous nous hâtons d'ajouter que la bonne tenue des animaux et des bâtiments, le concours d'un propriétaire éclairé, nous permettent d'espérer pour elle une part plus grande dans les bienfaits de la révolution agricole qui s'opère.

Déjà M. Petitblé justifie nos prévisions par les sacrifices qu'il s'est imposés pour l'établissement d'une machine à battre, et nous avons beaucoup de plaisir à constater que cette machine, construite par M. Loriot de Meaux, remplit trois des principales conditions que l'agriculture exige. Ainsi, l'épi est parfaitement dépouillé de son grain, la paille reste fraîche et entière, la force motrice est modérée et ne demande que l'emploi de deux chevaux. Le prix seul n'est pas en harmonie avec ces avantages : il s'élève à quatre mille francs, et, sans recourir aux machines si parfaites de l'Ecosse, l'art, en France, paraît aujourd'hui parvenu au même but avec une dépense moitié moindre.

Du reste, les récoltes n'ont pas échappé complètement aux fâcheuses influences de la saison. Mais ce qui pourra surprendre beaucoup de personnes, c'est que douze hectares de blé, fumés avec la poudrette de Montfaucon, se défendent mieux que les autres contre la sécheresse, et sont infiniment supérieurs au reste de la récolte.

Cette observation, que nous avons répétée plusieurs fois dans le cours de notre tournée, nous paraît digne d'attirer l'attention des cultivateurs placés à portée de Paris, et qui, après avoir conduit leurs produits dans la capitale, pourraient utiliser le retour de leurs chevaux en ramenant cet engrais auxiliaire. Nous croyons donc devoir constater ici ce fait, connu sans doute, mais peut-être trop peu remarqué. Nous n'ignorons pas que, dans certaines terres, dans les terres légères surtout, la poudrette ne produit qu'un effet passager; mais rien, en culture, n'est absolu. Ici, plusieurs cultivateurs éminents déposent qu'avec une fumure de quinze setiers de poudrette de Montfaucon à l'hectare, qui leur coûte cent vingt francs, ils tirent de la terre trois bonnes récoltes : une de blé, une de trèfle et une d'avoine; que, de plus, ils ne voient pas qu'il résulte de ce système rien de fâcheux pour leurs opérations subséquentes.

Ainsi, un assolement quinquennal qui, aux trois récoltes que nous venons d'indiquer, en ferait succéder deux autres, dont une sarclée sur fumier, destinée à nettoyer la terre, en amenant dans la ferme, avec peu de dépense, du fourrage, des racines et du grain en abondance, pourrait offrir aux cultivateurs, encore soumis à cette rotation triennale, que M. de Dombasle a si bien qualifiée du nom d'assolement de la misère, des espérances très réalisables, et, tout au moins, un sujet digne de leurs plus attentives méditations.

Ferme d'Egrenay.

Cette exploitation, qui embrasse une étendue de trois cent soixante hectares, offre le tableau d'un progrès réel. L'homme respectable, qui la dirige, étend à la fois ses soins éclairés sur le bétail, les instruments et les avantages d'une bonne rotation. C'est un plaisir de voir le bon état de ses animaux, la propreté des étables, la vigueur de ses récoltes luttant victorieusement contre la saison. Douze hectares de betteraves et de pommes de terre, trente-cinq hectares de vesces et de féveroles, enfin huit hectares de colza, chargés d'une récolte digne de la culture flamande, ont particulièrement fixé notre attention.

C'est à ses labours successivement conduits à une profondeur de sept à huit pouces, que M. Dutfoy attribue surtout le succès de ses efforts. Si l'on compare ses récoltes avec celles de ses voisins, qui, malgré son exemple, persistent à ne point approfondir la couche cultivée du sol, si l'on envisage comment l'avoine principalement, qui souffre partout aujourd'hui, résiste aux désastreux effets d'une chaleur prolongée et reste préparée à profiter des bienfaits de la première pluie, on doit reconnaître la justesse de cette observation. On se prend en même temps à faire des vœux pour la prompte réalisation du projet de musée agricole qui a reçu l'approbation de votre commission permanente, en pensant au bon usage qu'un cultivateur comme M. Dutfoy ferait de cette charrue fouilleuse avec laquelle les Anglais peuvent défoncer le sol à quinze pouces sans ramener le sous-sol à la superficie.

Du reste, non-seulement nous avons confirmé ici les observations faites chez M. Petitblé sur l'avantage des poudrettes de Montfaucon, mais nous tenons de la bouche même de M. Dutfoy qu'un de ses voisins, qui suit l'assolement triennal et vend toutes ses pailles, n'emploie pas depuis douze ans d'autre engrais. Ce cultivateur retirerait à la fois de son exploitation un produit net avantageux et ne paraîtrait pas, par la suppression du fumier, avoir détérioré le sol. Sans prétendre que l'on doive suivre cet exemple, nous avons pensé qu'il y avait là un fait digne de vous être communiqué, principalement en vue des ressources que cet engrais pourrait fournir à la production des fourrages, par conséquent d'une plus grande masse de fumiers, et à la transition des anciens assolements aux nouveaux.

M. Dutfoy fait encore de la poudrette un autre usage que l'on peut recommander aux cultivateurs dont les champs sont entourés d'arbres. Il en sème sur l'espace que les racines interdisent ordinairement à la végétation, et l'œil, par ce moyen, n'est pas affligé par cette ligne improductive qui déshonore le voisinage des arbres. Ainsi, jusqu'aux bords des allées qui décorent ses terres, on voit croître d'abondantes récoltes.

C'est ici le cas d'observer qu'il a fait lui-même et à ses frais les beaux chemins sur lesquels ses produits circulent sans effort. Il a planté les beaux arbres qui les bordent; mais son bail étant assez long pour leur laisser le temps de croître, il a sagement retenu la faculté de les exploiter à son profit. Du reste, comme ces plantations se composent principalement de peupliers, dont les inconvénients sont aujourd'hui reconnus, cette faculté ne compensera pas la dépense, et M. Dutfoy convient modestement que, s'il était aujourd'hui à recommencer, il donnerait la préférence aux ormes, qui lui détérioreraient moins de terrain et lui produiraient plus d'argent.

Nous ne nous étendrons pas dans le compte-rendu de cette exploitation aussi long-temps que nous y pourrions trouver plaisir, pour ne pas répéter ce qu'ont dû vous dire vos précédentes commissions. Après avoir observé qu'elle a déjà été honorée de votre médaille d'or, et que, d'après vos règlements, elle ne peut pas concourir pour l'obtenir encore, nous devons nous borner à constater que le succès se soutient, que M. Dutfoy se montre de plus en plus digne de l'estime qu'il inspire aux amis de l'agriculture, et nous pensons que le Gouvernement honore les distinctions dont il dispose, en les conférant à des hommes comme lui.

Ferme d'Eprune.

M. Dutfoy, fils du cultivateur distingué dont nous venons de vous parler, dirige, depuis deux ans seulement, l'exploitation d'Eprune et marche à grands pas sur les traces de son père.

Deux cent soixante-dix hectares composent sa culture, qui entre largement dans la voie de l'alternat et ne laisse déjà plus qu'une petite place à la jachère nue. Cinquante hectares de prairies artificielles et dix hectares de racines, parmi lesquelles les plus belles carottes qui aient été offertes à notre examen, annoncent le succès que ce cultivateur obtiendra lorsque le temps lui aura permis d'embrasser le cours d'un assolement régulier.

En attendant, il peuple ses écuries des meilleures races de bestiaux, il macadamise ses chemins d'exploitation, il sillonne ses champs de fossés destinés à donner aux eaux un écoulement indispensable. Nul obstacle ne l'arrête, nulle dépense ne l'effraie; car il sait qu'une dépense faite à propos est un placement avantageux. Cependant nous croyons de notre devoir de dire que nous avons trouvé la durée de son bail un peu restreinte comparativement aux travaux qu'il entreprend. Le fruit de ces travaux ne se recueille qu'avec le temps, et ce serait pour nous une véritable satisfaction d'apprendre que le respectable propriétaire d'Eprune, qui nous a en quelque sorte encouragés à faire ces observations par la manière dont il les a accueillies, jugeât digne de lui de seconder par une prolongation les efforts de son jeune fermier.

Si nous nous permettons ce vœu, c'est par la conviction où nous sommes qu'il est formé dans l'intérêt de la propriété elle-même; car, s'il est une question jugée en agriculture, c'est celle de la durée des baux, et tout le monde sait que les pays où la propriété atteint le plus haut prix, sont ceux où elle permet au fermier de compter sur les fruits de son industrie.

En résumé, si M. Dutfoy d'Eprune ne peut encore offrir des résultats concluants, il est déjà assez avancé pour donner de grandes espérances. C'est un athlète qui n'est pas prêt à entrer dans la lice où il doit se faire redouter un jour; c'est un fils qui continuera son père, et c'est tout ce que nous pouvons lui souhaiter de plus honorable.

Ferme de Grand-Puits.

M. Frédéric Garnot cultive trois cent dix hectares de terres généralement de très bonne qualité. Le quart environ

de cette étendue est consacré aux prairies artificielles, qui
servent à entretenir un bétail nombreux et bien soigné. Nous
avons trouvé les écuries garnies de trente-deux beaux chevaux, dont dix sont employés au relais des diligences ; huit
cents moutons et deux cents agneaux de belle venue composent le troupeau ; trente-deux vaches de l'espèce normande,
dont le poil net et brillant atteste des soins vigilants, peu-
plent les étables, et les produits abondants qu'elles fournis-
sent sont travaillés dans la laiterie avec une propreté et une
intelligence dignes de tous nos éloges.

Ces éloges s'adressent naturellement à la maîtresse de la
maison, dont la coopération est pour tout cultivateur une des
principales conditions de succès, et nous nous faisons un
devoir de ne pas omettre ici cette vertueuse mère de famille
dont nous blessons peut-être la modestie, mais que son mérite même, l'ordre qu'elle apporte dans sa maison, le bonheur qu'elle donne à son mari et qu'elle prépare à ses enfants,
désignent comme un modèle.

Nous avons vu à Grand-Puits une machine à battre de
Dulchez, qui opère d'une manière assez satisfaisante, et à
laquelle le fermier a, par ses propres soins, apporté des
améliorations. Elle ne nous a pas paru exiger une force motrice plus considérable, ni exercer sur la paille une action
moins ménagée que celle de Loriot ; mais nous pensons
qu'elle laisse quelque chose à désirer quant au résultat important qui est d'expulser de l'épi les grains sans exception.

M. Garnot possède des piliers de fonte destinés à supporter
une de ces meules au moyen desquelles les Anglais parviennent, non-seulement à conserver admirablement leurs fourrages et leurs grains, mais à économiser des constructions

considérables. La commission fait des vœux pour qu'il les emploie utilement, et donne ainsi à l'agriculture l'exemple d'un progrès important.

Elle regrette que cet honorable cultivateur, trop confiant peut-être dans la qualité supérieure de ses terres, ne demande pas aux plantes sarclées les services qu'elles rendent dans tout assolement bien entendu; elle pense que l'insuccès d'un blé, venu sur betteraves et qu'on lui a montré, ne justifie pas l'expulsion complète de cette culture particulièrement propre au sol français, et que l'Angleterre nous envie à juste titre, mais pourrait indiquer seulement une modification à faire dans la rotation. Enfin, tout en rendant justice aux travaux de M. Garnot, qui lui méritent un rang distingué parmi les cultivateurs du département, elle aurait désiré qu'il se montrât plus enclin à ces innovations qui conduisent au progrès, et que notre association a par conséquent pour but principal de mettre en lumière.

En finissant, elle croit devoir recommander à votre attention les rapports affectueux qui sont établis entre M. Garnot et l'honorable M. Rebut, propriétaire de la ferme de Grand-Puits. Ces sentiments sont pour l'agriculture de merveilleux auxiliaires; nous devons souhaiter qu'ils se rencontrent aussi fréquemment dans notre pays qu'en Angleterre et en Allemagne, où ils n'ont pas peu contribué aux succès agricoles de ces peuples, et nous saisissons avec empressement cette occasion de dire à ceux qui possèdent la terre comme à ceux qui la cultivent, qu'ils ne sont rien que des associés, dont l'intérêt et le devoir sont de vivre en frères.

Ferme de Champbenoit.

La jolie propriété de Champbenoit appartient à M. Guérard, qui la cultive de ses propres mains. Son étendue est de cent hectares seulement, qui sont soumis à l'assolement alterne et dont les prairies artificielles ou les racines occupent la moitié. Les vaches, au nombre de seize, appartiennent à la race écossaise sans cornes. Trois cent vingt moutons et trente agneaux composent le troupeau. M. Guérard pense qu'il y a de l'avantage à faire venir les agneaux au printemps; mais la commission n'a point partagé cet avis: elle regarde au contraire comme prouvé par l'expérience qu'on doit choisir pour cela les derniers mois de l'année, et elle n'a trouvé à remarquer dans ce troupeau que la qualité supérieure de la laine.

L'honorable propriétaire de Champbenoit s'est depuis long-temps distingué par son zèle pour l'agriculture. Il a construit de ses propres mains une machine à battre dont la combinaison économique et ingénieuse pourrait rivaliser avec l'œuvre d'un mécanicien de profession; il a introduit dans la confection de la charrue de Brie des améliorations que ses voisins ont récompensées en les imitant et en donnant à cet instrument le nom de son auteur; de plus, il a soumis sa culture aux lois de l'alternat, il s'est livré avec succès à la production des récoltes sarclées sur une grande échelle, et, tandis qu'il traçait laborieusement son sillon, son fils, envoyé par ses soins en Lorraine et en Alsace, étudiait sous le maître de Roville les secrets du premier des arts qu'il se propose aujourd'hui de pratiquer en devenant le fermier de son père.

C'est à ces signes que la commission a reconnu un ami du progrès, un homme intelligent dont notre devoir est d'encourager les travaux. En conséquence, elle vous propose d'accorder une mention honorable aux efforts de M. Guérard de Champbenoit.

Nous terminerons cette revue trop rapide en observant qu'en général nous n'avons pas trouvé le nombre de bestiaux proportionné à l'étendue des cultures. Ainsi, en prenant dix moutons pour une vache, nous avons compté dans l'ensemble une tête de bétail pour deux hectares, tandis que la pratique des nations agricoles est d'accord avec l'art pour en exiger une par hectare. Aussi, presque tous les cultivateurs que nous avons visités ajoutent-ils par des acquisitions à la masse des fumiers produits dans leurs exploitations, sans pouvoir encore en réunir la quantité qui serait nécessaire.

Nous avons encore examiné avec intérêt l'état et la disposition des bâtiments de chaque exploitation, et nous avons bien du plaisir à constater, sous ce rapport, une véritable tendance à l'amélioration. Les écuries s'ouvrent partout aux salutaires influences de la ventilation; les équipages et harnachements des chevaux, si souvent abandonnés par l'incurie des charretiers aux injures de l'air ou des animaux, sont recueillis dans des selleries bien disposées dont vous pourrez voir dans la ferme même de La Grange un exemple satisfaisant. Enfin, l'habitation même du cultivateur reçoit partout de notables perfectionnements. Nous n'en sommes pas encore à ces raffinements qu'on observe chez les fermiers anglais; mais s'il est vrai, comme on l'a dit, que l'histoire des peuples soit écrite dans leurs constructions, il est permis d'affirmer que nous avons grandi; la civilisation gagne les campagnes : tel fermier ne voudrait pas de la maison de son père pour y loger ses bestiaux, les ouvertures s'élargissent, les vitres ne s'opposent plus au passage de la lumière, la terre cuite fera bientôt place au parquet, et l'inspection de la cuisine prouve que le vœu d'Henri IV est fréquemment dépassé.

Le bien-être des cultivateurs et le progrès de l'agriculture marchent ensemble. Les prix de moralité que vous avez fondés et dont j'ai personnellement à constater les résultats, prouvent vos convictions à cet égard.

Non contents de protéger par des récompenses le développement de l'art, le perfectionnement des instruments, l'établissement des cultures nouvelles, vous avez donné un témoignage signalé de votre sollicitude et de vos lumières en étendant jusqu'aux derniers agents de l'agriculture votre pensée d'encouragement.

Vous saviez bien que toute exploitation rurale penche vers sa ruine qui ne s'appuie pas sur le concours dévoué des agents inférieurs; vous connaissiez bien aussi la puissance sur des cœurs français de ce mobile qu'on appelle l'honneur, que Dieu a placé en nous pour imposer au laboureur comme au soldat les devoirs qui font la gloire et la sécurité de la patrie. En vain des économistes chagrins s'écrient que la révolution, tout en retrouvant les droits de l'homme, a laissé dans les classes inférieures une immoralité profonde et implanté ainsi dans le flanc de la société qu'elle prétendait régénérer, le trait qui doit lui donner la mort; en vain a-t-on avancé, à l'appui de cette doctrine, que la puissance publique doit intervenir pour réintégrer la morale, vous avez pensé qu'il vaut mieux prévenir que réprimer, vous avez refusé de désespérer du genre humain; dignes de vous asseoir parmi ces hommes modérés d'une autre époque, qu'un grand coupable appelait *la faction des indulgents*, vous avez essayé de convier des frères malheureux au banquet de l'intelligence et de la civilisation, et, pour répondre à la pensée prévoyante qui a provoqué la constatation du résultat de vos efforts, j'ai le bonheur de venir vous annoncer que vous avez réussi.

Les ouvriers, privés du bienfait de l'éducation, se retrempent dans des impressions nouvelles; les inspirations de la misère se dissipent comme un nuage derrière lequel la dignité humaine brille de tout son éclat; le pauvre charretier sent qu'après avoir vingt ans rempli son devoir, il a droit à la considération de ses concitoyens; l'humble fille de basse-cour, suspendant toute glorieuse à son cou basané la large médaille de bronze dont vous avez honoré sa fidélité, excite parmi ses compagnes un murmure d'admiration qui accuse le désir d'obtenir aussi la récompense de la bonne conduite.

Sans vouloir accumuler ici des noms et des faits trop nombreux, dont le détail deviendrait fastidieux, et, tout en me retranchant dans ces vues d'ensemble qui me paraissent constituer le principal mérite de l'observation, je citerai cependant quelques exemples qui viennent à l'appui de ce que j'avance.

M. Arnoult de Maison-Rouge annonce que Véronique Verrier, servante, couronnée après douze ans de service dans sa maison, se montre de plus en plus digne de son estime.

M. Dutfoy d'Égrenay conserve à son service Théodore Matrowski, manouvrier, couronné en 1837, et n'a cessé de se louer, depuis vingt-huit ans, de ce fidèle serviteur.

M. Froc de Mimouche rend hommage à la conduite d'André Fané, charretier, couronné en 1834, dont le zèle ne s'est pas démenti depuis trente-six ans qu'il sert le même maître.

Denis Noël, berger, couronné en 1834, reçoit de M. Sintier du Châtelet, qui l'emploie depuis trente-et-un ans, le même témoignage de satisfaction.

Joséphine Barbier, qui compte aujourd'hui vingt ans de service chez M. Sintier que nous venons de nommer, justifie chaque jour davantage, depuis dix ans que vous l'avez couronnée, l'honneur que vous lui avez fait.

François Cherest, berger, couronné depuis dix ans chez M. Frédéric Garnot, s'est retiré, après trente-et-un ans de service, pour prendre à la fois le repos que demande son âge et jouir du petit bien-être qu'il possède. C'est un ami, nous a dit son maître avec une noble simplicité, c'est un ami qui est toujours à ma disposition.

Enfin, M. Rémond d'Andrezel rend le témoignage le plus honorable de Barthélemy Thorrent, charretier, couronné en 1831. Ce serviteur modèle a obtenu deux fois le prix de labourage dans les concours de Lady et de Maison-Rouge, et doit encore concourir cette année. L'âge n'a point ralenti son ardeur; dans ce monde où tout change, il résiste; il ne veut pas cesser d'être laborieux, d'être dévoué, d'être irréprochable, et voilà quarante-sept ans que cela dure.

Je n'ignore pas qu'en regard de ces faits, on pourrait en citer d'autres tout-à-fait opposés; mais j'ai à vous faire observer que ces derniers sont exceptionnels et en si petit nombre, qu'ils attestent seulement l'infirmité de notre nature. En formant l'homme à son image, le Créateur semble avoir fermé les yeux sur quelques-unes de ses œuvres, et vous-mêmes, en appelant les ouvriers des campagnes à la régéné-

ration par la bonne conduite et la considération publique,
vous n'avez pas pu espérer que votre voix serait entendue de
tous sans en retrancher un; vous n'avez pas cru que tout
lauréat deviendrait un être infaillible et justifierait invariablement votre estime; mais vous avez pensé que le plus grand
nombre chercherait à perfectionner son action, à mériter de
plus en plus l'approbation de ses supérieurs, à offrir un modèle à ses égaux, et il y a cent exemples contre un pour dé-
clarer que vous ne vous êtes pas trompés.

Du reste, vos encouragements ne se bornent pas à amé-
liorer le sort des habitants des campagnes, ils tendent encore
utilement vers un but d'une haute importance sociale qui
est d'en augmenter le nombre en appelant l'agriculture à
ramasser les blessés de l'industrie.

En effet, les découvertes de la science, en servant les
grands intérêts du genre humain, froissent brutalement les
intérêts particuliers. Ainsi, le pauvre, qui imite volontiers le
riche et veut comme lui vivre de la vie des villes, a quitté
la modeste et solide existence des champs pour un avenir
qui lui paraissait brillant; on lui offrait un salaire plus élevé,
une nourriture moins grossière, et ce qu'on est convenu d'ap-
peler un habit bourgeois: qui aurait résisté à tant de séduc-
tions, qui aurait vu derrière tout cela les faillites, les con-
currences, les caprices de la mode avec lesquels le fabricant
doit à chaque instant compter, le travail des machines, le
manque d'ouvrage, la misère, les vices de l'atelier et ces
créatures étiolées qui font avec les populations restées fidèles
à la charrue un si douloureux contraste. Mais, tandis que
l'agriculture se plaint dans presque toute la France de manquer de bras, voilà que l'industrie reste dans l'impuissance

de soutenir les travailleurs innombrables qui pâlissent sur ses métiers : l'une offre de l'ouvrage, l'autre en refuse ; celle-là appelle des ouvriers, celle-ci les renvoie. Les progrès de l'esprit humain augmentent indéfiniment, par les récoltes sarclées et commerciales, la demande de travail de la première, et diminuent, par l'invention des machines, celle de la seconde. On peut dire qu'en général l'ouvrier des manufactures, en exceptant celles de Paris, qui gagnait trois francs au commencement de ce siècle, voit difficilement aujourd'hui son salaire s'élever à un franc cinquante centimes ou deux francs. Au lieu d'un travail intelligent et qui pouvait occuper en même temps son esprit et son corps, il n'a plus qu'une action mécanique dont la régulière monotonie semble empruntée au supplice du *tread mill*. Invariablement chargé pendant toute sa vie, soit de pousser, soit de tirer le même morceau de fer, il se trouve, grâce à la division du travail, entre la machine et l'homme, réduit lui-même à l'état de machine supplémentaire. De plus, cette opération devient dans beaucoup de cas si simple, qu'elle ne mérite plus l'emploi d'un homme. Les enfants, suffisant pour servir les machines, remplacent leurs parents pour un mince salaire, et cela est devenu si fréquent, que l'humanité a récemment appelé la loi à son secours pour protéger ces innocentes créatures. Mais ce n'est pas tout : à mesure que le salaire baisse ou vient à manquer tout-à-fait, le prix des choses nécessaires à la vie augmente incessamment. Ainsi, dans les villes, depuis le commencement du siècle, le loyer, le bois, les objets de consommation ont doublé ou triplé.

Dans les champs, au contraire, la situation s'améliore : car tout le monde demande ce que la terre produit. Là, d'ailleurs, point de concurrence, point de banqueroutes: le blé ne passe pas de mode; les progrès de l'art profitent au producteur qui remplit ses greniers, à l'ouvrier qui voit grossir son salaire: d'un autre côté, le laboureur, trouvant place à la table de la ferme, n'a pas à s'occuper de ses moyens de subsistance, et, tandis que ses ressources augmentent, le prix des vêtements, qui forment une de ses dépenses principales, diminue considérablement. En sorte que l'on pourrait dire, pour terminer ce parallèle entre le travailleur de l'industrie et celui de l'agriculture, que l'un s'enrichit par la ruine de l'autre, et que la Providence ramène ainsi les ouvriers des villes par leur propre intérêt aux campagnes qu'ils ont abandonnées.

C'est un devoir et un bonheur pour les classes supérieures auxquelles vous appartenez de favoriser ce mouvement et de s'attacher les laboureurs par le sentiment de la reconnaissance. Les Anglais, qui pensent à tout, l'ont dès long-temps compris en fondant cette multitude d'établissements qui, sous le patronage immédiat du Souverain et des principaux personnages du pays, prodiguent à l'ouvrier soit l'instruction, soit le secours de la médecine, soit les récompenses pécuniaires et honorifiques pour le travail et la bonne conduite, comme nous le faisons aujourd'hui, soit même des systèmes de colonisation, par lesquels, au moyen de quelques avances, les travailleurs indigents se trouvent appelés au festin éternel de la propriété, et viennent, joyeux et reconnaissants, en ramasser les miettes.

Ce devoir est plus impérieux encore pour nous; car les théories et les déclamations, avec lesquelles des insensés parviennent trop souvent dans les deux pays à soulever les passions populaires, sont plus à redouter en France, où elles ne rencontrent pas sur leur chemin cet esprit public, cette vieille organisation politique à l'ombre desquels l'ordre social peut braver les sophistes et les factieux : c'est ici qu'il est le plus salutaire de mettre le peuple à même de distinguer entre ses flatteurs et ses amis; c'est pour les classes supérieures une bonne action, au double point de vue de la politique et de l'humanité, de moraliser les ouvriers en honorant le travail, et de gagner aussi l'affection de ces braves gens qui donnent leur cœur à qui leur tend la main.

En définitive, il résulte pour moi de tout ce que j'ai eu l'honneur de vous dire qu'en acceptant la mission que vous m'avez confiée, j'ai aussi contracté l'obligation de vous engager à persévérer dans la voie où vous êtes entrés.

Car elle est bien noble, Messieurs, la tâche que vous vous êtes imposée : c'est un tableau qui réjouit profondément un cœur dévoué à la France que celui de tant d'hommes de savoir et d'expérience rassemblant leurs lumières à un foyer commun pour en répandre plus sûrement les bienfaits, ne bornant pas leurs soins et leurs investigations aux diverses branches de l'économie rurale et domestique, mais appliquant encore au bien-être de leurs inférieurs les inspirations de la morale, conduisant à la fois la pratique dans des voies plus fécondes et plus lucratives et ouvrant les bras à ces amis malheureux, comme les qualifiait Mably, que la chaleur du jour abat, que la misère dégrade, que le travail abrutit, et qui retrouvent une nouvelle vie avec la connaissance d'eux-mêmes.

Il est beau de voir, au milieu des préoccupations politiques, un groupe d'hommes de bien dont les efforts n'ont pour but que d'augmenter la richesse nationale en éclairant la société, la grandeur du peuple en lui rappelant qu'avec des droits à exercer il a aussi des devoirs à remplir, la stabilité de l'Etat en accomplissant une œuvre de bienfaisance qui fait aimer le gouvernement et le prince qui s'y associent.

Donc, que le laboureur conduise aux champs de ses mains triomphantes une charrue couverte des palmes de la victoire, que le berger, appelé aux honneurs de l'ovation, sente l'importance de son gouvernement et devienne le père de ses sujets, que les plus viles fonctions de la ferme se relèvent aux yeux de tous par le sentiment d'un devoir accompli, que le travail cesse d'être ingrat, qu'on y trouve de l'intérêt, un certain charme et presque de l'attrait, pour réaliser autant que possible le rêve de Fourier. Continuez à distribuer des récompenses aux ouvriers des champs; remettez-leur avec confiance ce brevet et cette médaille qui doivent former le principal héritage de leurs enfants, afin que le peuple sente de plus en plus le prix d'une bonne conscience, afin que la vertu soit en honneur, afin que l'agriculture, qui a besoin de la bonne foi, de l'honneur, de la vertu, et qui entraîne avec elle le cortége de tous les sentiments qui élèvent l'humanité, nous apporte enfin, avec la fécondation de notre sol, l'amélioration de la condition sociale et la glorification de notre patrie.